essentials

essentials liefern aktuelles Wissen in konzentrierter Form. Die Essenz dessen, worauf es als „State-of-the-Art" in der gegenwärtigen Fachdiskussion oder in der Praxis ankommt. *essentials* informieren schnell, unkompliziert und verständlich

- als Einführung in ein aktuelles Thema aus Ihrem Fachgebiet
- als Einstieg in ein für Sie noch unbekanntes Themenfeld
- als Einblick, um zum Thema mitreden zu können

Die Bücher in elektronischer und gedruckter Form bringen das Expertenwissen von Springer-Fachautoren kompakt zur Darstellung. Sie sind besonders für die Nutzung als eBook auf Tablet-PCs, eBook-Readern und Smartphones geeignet. *essentials:* Wissensbausteine aus den Wirtschafts-, Sozial- und Geisteswissenschaften, aus Technik und Naturwissenschaften sowie aus Medizin, Psychologie und Gesundheitsberufen. Von renommierten Autoren aller Springer-Verlagsmarken.

Weitere Bände in der Reihe http://www.springer.com/series/13088

Arbeitskreis Innovative Logistik für Nachhaltige Lebensstile (ILoNa)

Praxisleitfaden Logistik für Nachhaltige Lebensstile

Springer Spektrum

Arbeitskreis Innovative Logistik für
Nachhaltige Lebensstile (ILoNa)
Collaborating Centre on Sustainable
Consumption and Production (CSCP)
Wuppertal, Deutschland

Die Inhalte dieses Bandes entstanden im Rahmen des Projekts „ILoNa – Innovative Logistik für Nachhaltige Lebensstile", das durch das Bundesministerium für Bildung und Forschung gefördert wurde.

ISSN 2197-6708 ISSN 2197-6716 (electronic)
essentials
ISBN 978-3-658-22770-8 ISBN 978-3-658-22771-5 (eBook)
https://doi.org/10.1007/978-3-658-22771-5

Die Deutsche Nationalbibliothek verzeichnet diese Publikation in der Deutschen Nationalbibliografie; detaillierte bibliografische Daten sind im Internet über http://dnb.d-nb.de abrufbar.

Springer Spektrum

Springer Spektrum ist ein Imprint der eingetragenen Gesellschaft Springer Fachmedien Wiesbaden GmbH und ist ein Teil von Springer Nature
Die Anschrift der Gesellschaft ist: Abraham-Lincoln-Str. 46, 65189 Wiesbaden, Germany

Was Sie in diesem *essential* finden können

Die Tools sollen Ihr Unternehmen dabei unterstützen

- aktuelle Entwicklungen in der Logistikbranche zu erkennen, in Ihre Geschäftstätigkeiten einzubeziehen und proaktiv unter Berücksichtigung von Geschäftsinteressen, Kundenwünschen und Nachhaltigkeitsanforderungen zu gestalten;
- innovative Nachhaltigkeitsansätze zu identifizieren und anzuwenden und damit neue Potenziale für Ihr Geschäftsmodell, Ihre Produkte und Dienstleistungen auszuschöpfen;
- Nachhaltigkeitsstrategien zu entwickeln, die nicht nur individuell auf Ihr Unternehmen abgestimmt sind, sondern darüber hinaus Ihr Netzwerk bis hin zum Endkunden in die Planung mit einbeziehen.

Inhaltsverzeichnis

Über die Autoren

Rosa Strube Collaborating Centre on Sustainable Consumption and Production (CSCP)
E-Mail: rosa.strube@scp-centre.org
Herausgeberin und Autorin der Kap. 1, 2 und 4, der Einleitung zu Kap. 3 sowie der Tools Hot-Spot- und Sweet-Spot-Analyse (Abschn. 3.1) und Design Thinking (Abschn. 3.2).

Dr. Imke Schmidt Collaborating Centre on Sustainable Consumption and Production (CSCP)
E-Mail: imke.schmidt@scp-centre.org
Herausgeberin und Autorin der Kap. 1, 2 und 4 sowie der Einleitung zu Kap. 3.

PD. Dr. habil. Ani Melkonyan Zentrum für Logistik und Verkehr, Universität Duisburg – Essen (UDE)
E-Mail: ani.melkonyan@uni-due.de
Autorin der Tools Szenarien- und Strategieentwicklung (Abschn. 3.5), Sustainable Business Canvas (Abschn. 3.3) und Participatory System Mapping (Abschn. 3.4).

Gustavo De La Torre Zentrum für Logistik und Verkehr, Universität Duisburg – Essen (UDE)
E-Mail: gustav.delatorre@uni-due.de
Autor der Tools Participatory System Mapping (Abschn. 3.4) und Szenarien- und Strategieentwicklung (Abschn. 3.5).

Klaus Krumme Zentrum für Logistik und Verkehr, Universität Duisburg – Essen (UDE)
E-Mail: klaus.krumme@uni-due.de
Autor des Tools Szenarien- und Strategieentwicklung (Abschn. 3.5).

Tim Gruchmann   Private Universität Witten/Herdecke
E-Mail: Tim.Gruchmann@uni-wh.de
Autor der Tools Sustainable Business Canvas (Abschn. 3.3), Hot-Spot- und Sweet-Spot-Analyse (Abschn. 3.1) und Participatory System Mapping (Abschn. 3.4).

Simon Hauser   Private Universität Witten/Herdecke
E-Mail: simon.hauser@uni-wh.de
Autor des Tools Sustainable Business Canvas (Abschn. 3.3).

Dr. Sarah Lubjuhn   Center for Media & Health
E-Mail: lubjuhn@media-health.nl
Autorin der Tools Zielgruppen-Analyse und Kommunikationsstrategien (Abschn. 3.6).

Prof. Dr. Martine Bouman   Center for Media & Health
E-Mail: bouman@media-health.nl
Autorin der Tools Zielgruppen-Analyse und Kommunikationsstrategien (Abschn. 3.6).

Sie sehen, dass Ihr Unternehmen auf einen sich rapide wandelnden Markt und zugleich auf zunehmende Nachhaltigkeitsanforderungen an die Branche reagieren muss? Sie sehen hier Potenziale für eine Weiterentwicklung Ihres Geschäftsmodells, Ihrer Dienstleistungen oder Ihrer Kommunikationswege?

Dieses *essential* in Form einer Toolbox ist ein Ergebnis des durch das Bundesministerium für Bildung und Forschung (BMBF) geförderten dreijährigen, interdisziplinären Projekts „Innovative Logistik für Nachhaltige Lebensstile" (kurz ILoNa, http://logistik-lebensstile.de/), das zum Ziel hatte, für KundInnen und Unternehmen gleichermaßen Potenziale für logistische Nachhaltigkeitskonzepte aufzeigen und somit den Weg für eine soziale und ökologische Neuausrichtung der Wirtschaft und Gesellschaft zu ebnen. In der Toolbox haben wir diejenigen Ansätze, Strategien und Instrumente prägnant und praxisnah zusammengefasst, die sich im Rahmen des Projekts als besonders relevant für die Anwendung in Unternehmen erwiesen haben. Sie alle wurden gemeinsam mit Unternehmen aus dem Logistiksektor erprobt, wobei sich ihre hohe Praxisrelevanz gezeigt hat.

Die Tools werden jeweils in Kürze vorgestellt und die Vorteile für die Unternehmenspraxis zusammengefasst. Wir beschreiben zudem, welche Ressourcen, Kenntnisse und Zeit Sie für die Umsetzung benötigen, bevor wir die Vorgehensweise Schritt für Schritt erläutern. Zur weiteren Vertiefung finden Sie darüber hinaus Quellen und Literaturangaben. Die Darstellung wird um Beispiele aus der Praxis ergänzt, in denen anhand einer Case Study aus der Logistikbranche die konkrete Arbeit mit dem Tool demonstriert wird. Im Anhang finden Sie die in der Toolbox vorgestellten Vorlagen außerdem zum Ausdrucken. Auf der Kontaktseite präsentieren sich die ExpertInnen des Projektes für die jeweiligen Tools mit ihren Kontaktdaten.

© Springer Fachmedien Wiesbaden GmbH, ein Teil von Springer Nature 2018   1
Arbeitskreis Innovative Logistik für Nachhaltige Lebensstile (ILoNa),
Praxisleitfaden Logistik für Nachhaltige Lebensstile, essentials,
https://doi.org/10.1007/978-3-658-22771-5_1

Die Logistik ist als Dienstleistungssektor darauf angewiesen, auf gesellschaftliche Megatrends strategisch klug zu reagieren und vorausschauend zu agieren. Nur so können sich einzelne Logistikdienstleister im Wettbewerb stabil positionieren und gleichzeitig wichtige gesellschaftliche Herausforderungen wie die nachhaltige Entwicklung aktiv mitgestalten. Im Folgenden werden zentrale gesellschaftliche Megatrends in Kürze dargestellt. Sie bilden den Kontext für die hier ausgewählten Tools, die Sie als Logistikdienstleister bei den beschriebenen Aufgaben unterstützen sollen.

Globalisierung Die Globalisierung von Wertschöpfungsketten zur Versorgung von KonsumentInnen in Industrieländern ist bereits ein lang anhaltender und kontinuierlich fortschreitender Trend.

Das Bevölkerungswachstum in Schwellenländern sowie die wachsende Mittelschicht in Asien und Südamerika führen jedoch auch zu einer Globalisierung in die andere Richtung: Für international agierende Logistikunternehmen ergibt sich nun auch die Aufgabe der Versorgung dieser neuen KonsumentInnen (vgl. Crook 2015; McKinnon 2015).

Technologischer Fortschritt Der technologische Fortschritt im Logistiksektor führt unter anderem zu Effizienzgewinnen, die sowohl ökonomisch als auch ökologisch positiv zu Buche schlagen (vgl. Piecyk und McKinnon 2009). Es ist allerdings auf die Gefahr von Rebound-Effekten aufmerksam zu machen: Die Logistikbranche steht hier vor enormen Herausforderungen, da ein weiterer Anstieg in der Nachfrage nach Logistikdienstleistungen prognostiziert wird, gerade auch hervorgerufen durch Investitionen in klimafreundlichere Technologien (vgl. McKinnon 2015).

© Springer Fachmedien Wiesbaden GmbH, ein Teil von Springer Nature 2018
Arbeitskreis Innovative Logistik für Nachhaltige Lebensstile (ILoNa),
Praxisleitfaden Logistik für Nachhaltige Lebensstile, essentials,
https://doi.org/10.1007/978-3-658-22771-5_2

Ebenfalls im Bereich des technologischen Fortschritts ist die voranschreitende Digitalisierung anzusiedeln, die eine Vernetzung und vor allem auch das Datenmanagement in der Logistik vereinfacht (vgl. z. B. Flämig 2015) sowie durch autonome Fahrzeuge, Drohnen oder Roboter auch disruptive Auswirkungen auf heutige Geschäftsmodelle der Logistikbranche haben kann.

Individualisierter und nachhaltiger Konsum Individualisierte Kundenwünsche machen eine schnelle Anpassungsfähigkeit und Flexibilisierung von Logistiklösungen notwendig. Die Antizipation von Kundenwünschen gewinnt in diesem Zusammenhang eine besondere Bedeutung. Dies gilt umso mehr im Hinblick auf das steigende Nachhaltigkeitsbewusstsein der EndkonsumentInnen, die unter bestimmten Bedingungen auch bereit sind, mehr für nachhaltige Logistikdienstleistungen zu zahlen (vgl. DHL 2010, 2015; Köylüoglu und Krumme 2015; Siegers 2015).

Sharing Economy Leihen, tauschen, teilen – dies sind Prinzipien der Sharing Economy, die in letzter Zeit mit Geschäftsmodellen von Großunternehmen wie Airbnb oder Uber, aber auch von zahlreichen kleineren Anbietern von Carsharing oder auch Foodsharing große Aufmerksamkeit erfährt (vgl. z. B. Botsman und Rogers 2011). Für diese Toolbox ist sie ein Beispiel für neue Wege der Produktnutzung und -beschaffung und damit auch für neue logistische Aufgaben: Neben die Individualisierung von Kundenwünschen tritt zusätzlich eine Diversifizierung von Geschäftsmodellen. Alternativen zum klassischen Weg eines Produkts vom Hersteller über den Handel zum KonsumentInnen erhöhen die Anforderungen an flexible Logistiklösungen.

Innovationsschritte für eine nachhaltige Logistik – welches Tool kann mir wo helfen?

3

Insgesamt stellen wir Ihnen in dieser Toolbox sechs verschiedene Instrumente für eine nachhaltige Ausrichtung Ihres Unternehmens vor, die jedes für sich angewendet werden können, die jedoch im Idealfall ineinandergreifen und sich gegenseitig ergänzen.

Die **Hot-Spots- und Sweet-Spots-Analyse** kann Ihnen dabei helfen, einen Radar für die wichtigsten Nachhaltigkeitsrisiken und -potenziale in Ihrem Geschäft zu entwickeln und diese gezielt anzugehen. Dadurch können Sie auf Stakeholderanforderungen rechtzeitig reagieren und sich u. U. neue, vielversprechende Geschäftsfelder erschließen. Es lohnt sich dieses Instrument direkt zu Beginn der Auseinandersetzung mit einer Nachhaltigkeitsstrategie anzuwenden, da die Hot Spots und Sweet Spots eine wichtige Grundlage für die Priorisierung der strategischen Schritte sind.

Auf Basis der Hot und Sweet Spots oder vor dem Hintergrund sich ändernder Märkte und Kundenwünsche wird der Bedarf an innovativen Prozessen und Produkten deutlich: Für deren Entwicklung wird Ihnen die **Design-Thinking-Methode** von Nutzen sein, da sie die Integration der Kundenbedürfnisse bei Innovationen von Anfang an zum Ziel hat, unterschiedliche Stakeholderansprüche berücksichtigt und auf sehr effiziente Weise die Entwicklung und Erprobung von Prototypen ermöglicht.

Um diese innovativen Prototypen in das bestehende Geschäftsmodell zu integrieren, oder einfach um das eigene Geschäftsmodell kritisch zu überprüfen und möglicherweise anzupassen richtet das nächste Tool den Blick auf mögliche neue, innovative Geschäftsmodelle. Dies hat vor allem den Sinn Nachhaltigkeit in die „DNA" des Unternehmens einfließen zu lassen und systematisch in alle Tätigkeiten zu integrieren. Hierfür ist das Tool **Sustainable Business Canvas**

© Springer Fachmedien Wiesbaden GmbH, ein Teil von Springer Nature 2018
Arbeitskreis Innovative Logistik für Nachhaltige Lebensstile (ILoNa),
Praxisleitfaden Logistik für Nachhaltige Lebensstile, essentials,
https://doi.org/10.1007/978-3-658-22771-5_3

hilfreich, mit dessen Unterstützung Sie Schlüsselkompetenzen und -ressourcen ermitteln sowie Werterzeugung und -vernichtung in ökonomischer, sozialer und ökologischer Hinsicht sichtbar machen können.

Insbesondere wenn Sie Nachhaltigkeit strategisch angehen und langfristig planen möchten, eventuell sogar eine Anpassung oder Neuausrichtung Ihres Geschäftsmodells in Erwägung ziehen, werden Sie voraussichtlich auf sehr komplexe Fragestellungen und Herausforderungen stoßen. Ein **Participatory System Mapping** dient in diesem Fall vor allem dazu, gemeinsam mit internen und externen Akteuren mögliche (auch unerwartete) Ursache-Wirkungs-Zusammenhänge dieser Neuausrichtungen zu antizipieren.

Es ist insofern auch eine gute Grundlage und Ergänzung der **Szenarien- und Strategieentwicklung,** welche das Unternehmen auf zukünftige Entwicklungen vorzubereiten hilft und dabei unterstützt, diese Entwicklungen proaktiv mit zu gestalten. Der erste Schritt dafür ist die Erarbeitung einer gemeinsamen Zukunftsvision für die (Neu-)Ausrichtung der Geschäftsaktivitäten.

Das letzte Tool, das wir Ihnen vorstellen, sind die **Zielgruppenanalyse und Kommunikationsstrategien.** Im Rahmen unseres Projekts haben wir vielfach festgestellt, dass es bisher (zu) wenige Berührungspunkte und Kommunikationsmöglichkeiten zwischen Logistikdienstleistern und EndkundInnen bzw. KonsumentInnen gibt. Dabei ist es gerade im Nachhaltigkeitsbereich von größter Bedeutung, das Handeln der KonsumentInnen zu verstehen und mit ihnen zu interagieren. Letztlich ist dieses Tool daher eine Basis für alle zuvor genannten Tools und sollte eine wichtige Rolle im Rahmen einer Nachhaltigkeitsstrategie spielen.

3.1   Hot-Spot- und Sweet-Spot-Analyse

Wobei kann mir das Tool helfen?
Die Hot-Spot- und Sweet-Spot-Analyse kann dazu beitragen, die folgenden Unternehmensziele zu erreichen:

- Frühzeitige Identifizierung von Risiken
- Schutz der Reputation des Unternehmens
- Realisierung von Leistungspotenzialen durch Effizienzsteigerungen und das Aufdecken von Engpässen entlang der Wertschöpfungskette

- Erfüllen von Bedürfnissen unterschiedlicher Stakeholder (beispielsweise ein Angebot nachhaltiger Produkte und Dienstleistungen oder erhöhte Transparenz)
- Erschließen neuer Geschäftsfelder durch das Bilden von Alleinstellungsmerkmalen und ein Verständnis über Value Adding Services (Zusatzleistungen)

Das Tool in aller Kürze

Die **Hot-Spot- und Sweet-Spot-Analyse** unterstützt Sie dabei, die relevantesten Nachhaltigkeitsherausforderungen über die gesamte Wertschöpfungskette zu identifizieren. Einen Aspekt innerhalb der Wertschöpfungskette, der besonders negative Auswirkungen auf die Nachhaltigkeit von einem bestimmten Produkt oder Prozess hat, nennt man Hot Spot. Sweet Spots sind hingegen Bereiche, in denen sich besondere Potenziale im Hinblick auf ökologische, soziale oder ökonomische Auswirkungen der Aktivitäten eines Unternehmens zeigen. So kann der Hot-Spot- und Sweet-Spot-Ansatz auch verwendet werden, um Nachhaltigkeitsvorteile zu ermitteln, die sich aus einem Produkt oder einer Dienstleistung ergeben. Sobald Hot Spots und Sweet Spots entlang der Wertschöpfungskette identifiziert werden, können Unternehmen beginnen, gezielt Strategien und Projekte zu entwickeln, mit deren Hilfe negative Auswirkungen reduziert und die Vorteile von Produkten und Dienstleistungen erhöht werden können.

Die Hot-Spot- und Sweet-Spot-Analyse bringt die folgenden Vorzüge mit sich

- Sie ermöglicht es, die gesamte Wertschöpfungskette in einem Prozess zu betrachten
- Sie ist mit bestehenden Standards und Richtlinien kombinierbar
- Sie ist anwendbar auf Branchen, Unternehmen, Produktkategorien und Produktreihen
- Sie schafft Glaubwürdigkeit durch Involvierung der Stakeholder
- Sie ist mit relativ geringen personellen Ressourcen durchzuführen
- Sie hilft bei der Identifizierung von Potenzialen zur Geschäftsmodellinnovation

Was brauchen Sie, um das Tool zu nutzen?

- Zugang zu Publikationen über Hot Spots, die in der Wissenschaft bereits identifiziert wurden (beispielsweise Life Cycle Analysis [LCA])
- Zugang zu Publikationen über positive Auswirkungen bestimmter Aktivitäten wie „Best-Practice-Beschreibungen" für die Identifizierung der Sweet Spots
- Wenn möglich Zugang zu Daten und Einschätzungen zur eigenen Wertschöpfungskette
- Kollegen und/oder externe Experten, die die Hot Spots und Sweet Spots bewerten

Das Tool angewendet in fünf Schritten

1. **Definition des Rahmens**
   - Definieren Sie einen spezifischen Logistikservice
   - Bestimmen Sie die jeweils relevanten Elemente der Wertschöpfungskette (Transport, Lagerung und Umschlag, Verpackung und Konsumentenverhalten)
   - Legen Sie die Hot-Spot- und Sweet-Spot-Kategorien fest. Als Anhaltspunkte für eine Hot-Spot- und Sweet-Spot-Karte können Ihnen die folgenden Inhalte dienen:

Hot Spots	Transport	Lagerung und Umschlag	Verpackung	Konsumentenverhalten
Ökonomisch	(Auslastung der Verkehrsträger)	(Kundennähe vs. Stadtrandlage)	(Mehrweg vs. Einweg)	(geringe Zahlungsbereitschaft)
Ökologisch	(Emissionen)	(Energiekonsum)	(Recyclingfähigkeit)	(hohes Retourenaufkommen)
Sozial	(Bezahlung und Gesundheit)	(Bezahlung und Gesundheit, Automatisierung)	(sicheres Handling)	(Konkurrenz zwischen Personen- und Güterverkehr)

Sweet Spots	Transport	Lagerung und Umschlag	Verpackung	Konsumentenverhalten
Ökonomisch	(effizientere Technologien)	(digitale Prozesse)	(Verpackungsstandardisierung)	(neue Geschäftsfelder)
Ökologisch	(alternative Antriebe)	(Zero-Emission Warehouse)	(Smart Packaging)	(gesteigertes Umweltbewusstsein)
Sozial	(autonomes Fahren)	(Automatisierung)	(Einkauf von zertifizierten Herstellern)	(neue Geschäftsfelder)

Hot-Spot- und Sweet-Spot-Übersicht. (Quelle: Eigene Darstellung)

2. **Bewertung der Relevanz der Elemente der Wertschöpfungskette**
   - Bewerten Sie jede Hot-Spot- und Sweet-Spot-Kategorie auf einer Skala von 0 (keine Relevanz) bis 3 (hohe Relevanz)
   - Bewerten Sie die ökologischen und sozialen Auswirkungen der Elemente der Wertschöpfungskette (Transport, Lagerung, Verpackung) ebenfalls auf einer Skala von 0 (keine Relevanz) bis 3 (hohe Relevanz)
3. **Hot Spots und Sweet Spots identifizieren**
   - Multiplizieren Sie nun die Zahlen der Hot-Spot- und Sweet-Spots-Kategorien mit denen der Elemente der Wertschöpfungskette
   - Werte von 4–9 Punkten werden als Hot Spots bzw. Sweet Spots eingeordnet
4. **Stakeholderbewertung und Überprüfung**
   - Konsultieren Sie schließlich interne und/oder externe Stakeholder und Sachverständige, um die Ergebnisse und Gewichtungen kritisch zu überprüfen
   - Die Auswahl der Stakeholder und ExpertInnen sollte darauf abzielen, eine Vielzahl von unterschiedlichen Perspektiven einzubringen
5. **Hot Spots reduzieren/auflösen und Sweet Spots realisieren**
   - Sammeln Sie mögliche Maßnahmen zur Auflösung der Hot Spots, die Ihnen bereits bekannt sind
   - Nutzen Sie die Tools *„Geschäftsmodellentwicklung"* (vgl. Abschn. 3.3) und *„Design Thinking"* (vgl. Abschn. 3.2), um weitere Lösungsansätze zu erarbeiten und die Potenziale der Sweet Spots zu realisieren. Diese helfen Ihnen, die Hot Spots und Sweet Spots als Potenziale zur Innovation zu erkennen
   - Integrieren Sie die Veränderungen in Ihre übergreifende Nachhaltigkeitsstrategie

Das Tool in der praktischen Anwendung

Schachinger Logistik ist ein österreichisches Logistikunternehmen mit Sitz in Hörsching bei Linz, welches in der Nachkriegszeit gegründet wurde. Das Transportunternehmen ist im Bereich des grenzübergreifenden Transports, insbesondere der Spedition und des Stückguttransports tätig und ist heute noch in

Familieneigentum. Innerhalb der letzten zehn Jahre erfuhr Schachinger eine strategische Neuausrichtung hin zum Branchenlogistiker mit Nachhaltigkeitsprofil. Die Hot-Spot- und Sweet-Spot-Analyse zeigt für das Unternehmen deshalb ein insgesamt recht positives Bild auf.

Da Schachinger einen ganzheitlichen Nachhaltigkeitsansatz verfolgt, haben Optimierungen in mehreren Bereichen stattgefunden. Hierzu gehört die Errichtung eines aus Holz konstruierten Logistikzentrums, welches seinen Energiebedarf aus einer Fotovoltaikanlage speist und die Elektrifizierung des Fuhrparks. Jenes **Zero-Emission Warehouse** ist sowohl in **ökologischer** als auch in **ökonomischer** Hinsicht ein **Sweet Spot.** Während der ökologische Vorteil auf der Hand liegt, bedarf ein Passiv-Lagerhaus im Vergleich zu herkömmlichen Lagerhäusern in der Regel höherer Investitionskosten. Mit den steigenden Energiepreisen der letzten Jahre ist das Lagerhaus jedoch durch die geringeren Betriebskosten wirtschaftlich. Des Weiteren wird von MitarbeiterInnen die angenehmere Umgebung innerhalb des Holzhauses geschätzt, was als **sozialer Sweet Spot** gewertet werden kann.

Bedingt durch den zunehmenden Onlinehandel steigen die durch Schachinger gefahrenen **Straßenkilometer in der letzten Meile** kontinuierlich an. Mit stärkerer Vernetzung und höherer Auslastung der Fahrzeuge gehen ökologische sowie ökonomische Effizienzsteigerungen einher. Die **Elektrifizierung des Fuhrparks** von Schachinger ist bei ökologischer Stromproduktion in ökologischer Hinsicht eindeutig ein **Sweet Spot.** Durch die höheren Anschaffungskosten müssen die Fahrzeuge jedoch voll ausgelastet werden.

Das **Konsumentenverhalten** muss hingegen als **Hot Spot** gewertet werden: Durch niedrige Preisvorstellungen und gleichzeitig hohe Anforderungen an die Geschwindigkeit des Transportes ist sowohl der Preisdruck als auch der Zeitdruck enorm hoch. Dies führt dazu, dass nicht immer die ökologisch optimale Stecke gefahren werden kann und an **Subunternehmer** Aufträge vergeben werden, die oftmals unter prekären Bedingungen arbeiten – ein sozialer **Hot Spot.** Auch der Transport von Lebensmitteln gestaltet sich schwierig und ist durch den aktuell noch **hohen Verpackungsaufwand** sowohl **ökologisch als auch ökonomisch** ein **Hot Spot,** dem nur mit Verpackungsstandardisierung und dem Einkauf bei zertifizierten Herstellern entgegengewirkt werden kann. Die einzelnen Hot Spots und Sweet Spots entlang der Wertschöpfungskette zusammenfassend, gibt Abb. 3.1 einen Überblick über die einzelnen Kategorien (Hot Spots in roter Schrift, Sweet Spots in grüner Schrift) bei Schachinger:

Hot Spots/ Sweet Spots	Transport	Lagerung und Um- schlag	Verpackung	Konsumen- tenverhalten
Ökonomisch	Höhere Auslastung	Niedriger Energiever- brauch	Hoher Verpackungs- aufwand	Geringe Zahlungsbe- reitschaft
Ökologisch	Elektrifizie rung des Fuhrparks	Zero- Emission Warehouse	Hoher Verpackungs- aufwand	
Sozial	Arbeitsbe- dingungen Subunter- nehmer	Angenehmes Arbeitsumfeld		

Abb. 3.1 Hot-Spot- und Sweet-Spot-Übersicht Schachinger. (Quelle: Eigene Darstellung)

3.2 Innovationen durch Design Thinking

Wobei kann mir das Tool helfen?
Design Thinking kann dazu beitragen, die folgenden Unternehmensziele zu erreichen:

- Innovationen mit einem Fokus auf den Bedürfnissen von KundInnen entwickeln
- Innovationen unter Einbeziehung der Sichtweisen und Expertise unterschiedlicher Stakeholder entwickeln
- Mit geringem Aufwand Prototypen für neue Produkte und Dienstleistungen erstellen und in mehreren iterativen Zyklen testen
- Feedback von NutzerInnen zu diesen Prototypen einholen und auf der Basis Verbesserungen vornehmen

Das Tool in aller Kürze
Design Thinking ist eine Methode zur systematischen Herangehensweise an komplexe Problemstellungen aus allen Lebensbereichen, die sich seit einigen Jahren großer Beliebtheit erfreut. Die Methode stellt Nutzerwünsche und -bedürfnisse sowie nutzerorientiertes Erfinden ins Zentrum des Prozesses und legt hohen Wert auf eine stetige Rückkopplung zwischen den EntwicklerInnen der Innovation und den EndnutzerInnen. Zahlreiche große und kleine Unternehmen, wie beispielsweise die Deutsche Bahn, VW, Siemens oder Airbnb haben die Vorteile der Methode für sich erkannt und wenden sie für Innovationsprozesse an.

Design Thinking bringt die folgenden Vorzüge mit sich

- Die durch Design Thinking generierten Innovationen vereinen **drei wesentliche Komponenten:** (technologische) **Machbarkeit,** (wirtschaftliche) **Tragfähigkeit** und (menschliche) **Erwünschtheit** (vgl. HPI School of Design Thinking 2018)
- Die Methode ermöglicht die Erzeugung von praxisnahen Ergebnissen, da von Beginn des Prozesses an und fortlaufend bis zu seinem Ende Rückmeldungen von NutzerInnen eingeholt und integriert werden
- Design Thinking ermöglicht es, komplexe Herausforderungen aus neuen Perspektiven zu betrachten und somit möglicherweise andersartige Lösungsansätze zu generieren
- Der Prozess ist praxisnah und anwendungsorientiert und ist insofern sehr gut für den Unternehmenskontext zu nutzen

Was brauchen Sie, um das Tool zu nutzen?

- Ein multidisziplinäres Team aus ca. 5–6 Personen, das bereit ist, den Prozess inhaltlich zu unterstützen (dies können unternehmensinterne oder externe Akteure sein)
- Zugang zu tatsächlichen oder potenziellen EndnutzerInnen der zu entwickelnden Innovation
- Einen kreativen, variablen Raum, um Ideen zusammenzutragen und physische Prototypen zu erstellen
- Den Design-Thinking-Prozess wie nachfolgend beschrieben sowie, wenn möglich, eine/n erfahrene/n Moderator/in dafür

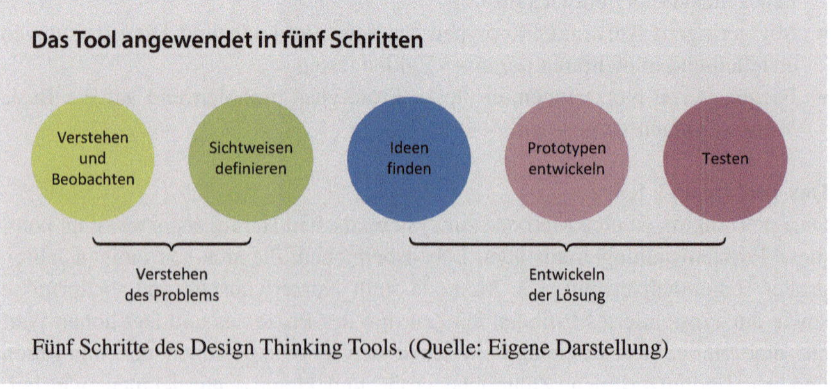

Fünf Schritte des Design Thinking Tools. (Quelle: Eigene Darstellung)

1. **Verstehen und Beobachten:** Die Bedürfnisse der NutzerInnen verstehen
   Ziel dieses Schrittes ist es, die Bedürfnisse und Wünsche der NutzerInnen
   des Produktes oder der Dienstleistung zu verstehen. Um dies zu erreichen
   können beispielsweise die folgenden Schritte angewandt werden:
   - Gespräche und Interviews mit NutzerInnen wie beispielsweise
     Online-Shoppern
   - Ethnografische Beobachtungen, um zu verstehen, wie die Nutz-
     erInnen leben, wie ihr Alltag aussieht und wie ein Bestell- und
     Empfangsprozess bei ihnen aussieht
   - Auswertung weiterer möglicherweise vorhandener Informationen
     über die Nutzergruppen wie Anfragen und Beschwerden oder Studien
   - Optionale Erstellung von Personas, d. h. fiktiven Personen mit den
     wichtigsten Eigenschaften der Nutzergruppen
   - Auf dieser Basis kann das Problem gemeinsam definiert oder
     umdefiniert werden.
2. **Sichtweisen definieren:** Relevante Fragestellungen vor dem Hinter-
   grund der Nutzerbedürfnisse bestimmen:
   - Sammlung der relevanten Fragen für das beschriebene Problem im
     Rahmen eines Workshops mit unterschiedlichen Stakeholdern (End-
     kundInnen, PaketbotInnen, KoordinatorInnen der Auslieferungs-
     flotte etc.). Beispiele wären hier: Wie könnten wir dieses Bedürfnis
     befriedigen?… dieser Herausforderung begegnen?… diese Chance
     wahrnehmen? … es aufregend, relevant, einfach machen?
   - Wichtig ist, dass hier zunächst nur Fragen, keine Antworten
     gesammelt werden
   - Die gesammelten Fragen werden vom Team, beispielsweise durch eine
     einfache Vergabe von Punkten, bezüglich ihrer Relevanz bewertet.
3. **Ideen finden:** Entwicklung zahlreicher unterschiedlicher Ideen, Brain-
   storming:
   - Innovationsworkshops mit unterschiedlichen Akteuren (bspw. Mit-
     arbeiterInnen aus unterschiedlichen Unternehmensfeldern, Desig-
     nerInnen, ITlerInnen, SoziologInnen), die zahlreiche Ideen zur
     Beantwortung der Fragen aus Schritt 2 generieren.
   - Beim gemeinsamen Brainstorming geht es darum, möglichst viele
     Ideen zu erzeugen, der Fantasie freien Lauf zu lassen, eigene Ideen

auf Ideen Anderer aufzubauen, Ideen zu veranschaulichen und keine Kritik oder Wertung vorzunehmen.

– Die entwickelten Ideen werden wiederum von den TeilnehmerInnen priorisiert und, wo sinnvoll, geclustert.

4. **Prototypen entwickeln:** Verdichtung der Ideen zu einem Prototyp:

– Erstellung von physischen Prototypen von Produktinnovationen, die die in Schritt 3 erarbeiteten Ideen reflektieren. Dies kann mit Hilfe von Papier und Schere, Lego, Knetmasse oder anderen Materialien erfolgen.

– Im Falle von Dienstleistungen kann alternativ ein „Storyboard" wie für ein kurzes Video angefertigt werden, aus dem die Idee klar hervorkommt.

5. **Testen:** Den Prototypen in die Praxis bringen:

– Zuletzt sollen die Prototypen in der Praxis mit NutzerInnen getestet werden. Hier ist das Ziel, möglich umfangreiches Feedback über passende und nicht passende Elemente zu erhalten und die Prototypen dann in einer weiteren Runde des Design Thinkings weiter zu verbessern.

Das Tool in der praktischen Anwendung

Im Rahmen der ILoNa Innovationsplattform wurde am 10. Oktober 2017 der „Nutzerzentrierte Innovationsworkshop zur Circular Economy in der Logistik" durchgeführt, bei dem mit der Design-Thinking-Methode der Frage nachgegangen wurde, wie Logistikdienstleister das Konzept der Circular Economy für sich nutzbar machen können. Eines der betrachteten Unternehmen war der Logistikdienstleister *fliit*. Das Unternehmen bietet Logistikdienstleistungen für die letzte Meile für Lebensmittelhändler an. Dabei übernimmt fliit die Aufgaben, lokale existierende Lieferanten mit kühlbaren Fahrzeugen und Erfahrungen in der Lebensmittelhandhabung einzubinden und zu vernetzen, die Lieferprozesse effizient zu planen und nachzuverfolgen sowie die Lieferungen unterschiedlicher Händler zusammenzufassen, um Synergien herzustellen.

Da gerade in der Lebensmittelbelieferung die Verpackung eine zentrale Rolle für Frische, Sicherheit und Kundenerlebnis spielt, stellt sich für fliit die Frage, wie eine optimale Verpackung aussehen könnte, die all diesen Anforderungen entspricht sowie beispielsweise durch eine mehrfache Nutzung nachhaltig ist. Die Frage für die Design-Thinking-Aktivität lautete daher: Wie können wir die Bedürfnisse der fliit KundInnen in einer nachhaltigeren Art und Weise befriedigen?

Da die Design-Thinking-Aktivität im Rahmen des Workshops nur exemplarisch und in einem kurzen Zeitfenster durchgeführt werden konnte, wurden einige der Schritte nur in einer Kurzform durchgeführt und der letzte Schritt des Testens nicht angewandt.

Um im Rahmen des Workshops den **1. Schritt „Verstehen und Beobachten"** durchführen zu können, bereiteten die ILoNa Projektpartner im Vorfeld Personas von drei unterschiedlichen KundInnen sowie von einem Lebensmittelhändler (ein Auftraggeber von fliit) vor, anhand derer die unterschiedlichen Stakeholder vor Ort deren jeweilige Bedürfnisse und Wünsche diskutieren konnten (Abb. 3.2). Hier stellten sich unter anderem die folgenden Bedürfnisse im Hinblick auf die Verpackung heraus: Komfort, frisches Essen, keine ausladenden Verpackungen, die durch den dadurch entstehenden Müll Ärger mit den NachbarInnen verursachen, eine problemlose Lieferung.

Im **2. Schritt „Sichtweisen definieren"** erarbeiteten die WorkshopteilnehmerInnen eine Reihe von Fragen, beispielsweise „Wie könnten wir die Verpackung kosteneffizienter machen?", „Wie könnten wir das Einhalten der Kühlkette sicherstellen?", „Wie könnten wir Verpackung reduzieren?" oder „Wie könnten wir externe Kühlsysteme für Kunden nutzen, die beim ersten Anlauf nicht erreichbar sind?".

Im **3. Schritt „Ideen finden"** brainstormten die TeilnehmerInnen dann eine Reihe von Ideen, um diese Fragen zu beantworten. Einige der Beispiele waren „Track & Trace Systeme für Ort und Temperatur", „Kühlkettenkontrolle durch Smart Packaging", „Der Fahrer wartet und nimmt die Verpackung zurück", „Der Fahrer nimmt die Verpackung bei der Lieferung der nächsten Verpackung

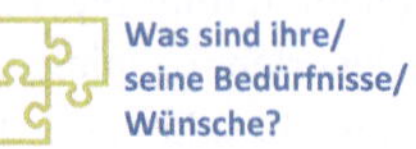

Abb. 3.2 Beispiel einer im gemeinsamen Gespräch vervollständigten Persona-Karte. (Quelle: Eigene Darstellung)

zurück", „Produzenten motivieren, eigene Online-Verpackungen zu produzieren" oder „Einheitliche Mehrweg-Kühlboxen".

Nach einem Ranking der Ideen wurden diese in erste **Prototypen (Schritt 4)** zusammengeführt und weiter detailliert. Der erste Prototyp beschrieb die Idee der smarten und effizienten Verpackung, die standardisiert, wiederverwertbar und volumen-reduziert sowie mit Sensoren und Tracking-Funktionen ausgestattet werden sollte, wodurch ein Mehrwegsystem aufgebaut werden könnte. Der zweite Prototyp wurde rund um die Idee der „Online-Verpackung" entwickelt, wobei die EndkundInnen die Auswahlmöglichkeit zwischen der normalen „Verkaufsverpackung", so wie man sie auch im Laden vorfindet, oder der „Online-Verpackung" entscheiden könnte. Die Online-Verpackung beschränkt sich auf die Schutz- und Transport-Funktion und lässt überflüssige Verpackungen weg, wie z. B. Werbung oder verzichtbare Informationen, wodurch Material und Volumen reduziert werden. Die Online-Verpackung ist für den Endkunden billiger als die Verkaufsverpackung, da an der Verpackung und somit auch an Transportkosten gespart wurde, was zugleich Anreiz für den Endkunden ist.

3.3 Sustainable Business Canvas

Wobei kann mir das Tool helfen?
Das Sustainable Business Canvas kann dazu beitragen, die folgenden Unternehmensziele zu erreichen:

- Verbesserung der finanziellen, ökologischen und sozialen Performance des Unternehmens durch die Verbesserung bestehender oder die Entwicklung neuer Geschäftsmodelle
- Förderung der Zusammenarbeit und des Dialogs mit allen Stakeholdern
- Identifikation von Chancen und Risiken für das Unternehmen
- Ermittlung von Schlüsselressourcen und Kernkompetenzen
- Statuierung und Beschreibung des Geschäftsmodells
- Sichtbarmachung von Werteerzeugung und -vernichtung

Das Tool in aller Kürze
Die Arbeit mit dem Sustainable Business Canvas ermöglicht es Ihnen anhand eines systematischen Prozesses Ihr gegenwärtiges Geschäftsmodell zu

beschreiben sowie hieraus Handlungsempfehlungen für ein nachhaltigeres Geschäftsmodell abzuleiten. Mithilfe des Sustainable Business Canvas können Sie einen Dialog über Ihr Geschäftsmodell und dessen Auswirkungen auf Umwelt und Gesellschaft anstoßen. Eine Besonderheit von nachhaltigen Geschäftsmodellen ist es, dass hierbei nicht nur die ökonomische Wertegenerierung und -vernichtung, sondern auch die soziale und ökologische Dimension bewertet wird. Auf der Basis dieser Bewertungen können Sie einen Aktionsplan zur Steigerung des Nutzens und Verringerung der Kosten aufsetzen. Dies ist insbesondere für eine ganzheitliche Betrachtung der Auswirkungen auf Soziales, Umwelt und Wirtschaft förderlich.

Das Sustainable-Business-Canvas-Methode bringt die folgenden Vorzüge mit sich

- Sie ermöglicht es bestehende Geschäftsmodelle zu definieren und weiterzuentwickeln und dabei nicht nur die ökonomische, sondern auch die ökologische und soziale Perspektive bei der Generierung von Werten mit einzubeziehen
- Sie fördert Verständnis, Diskussionen und Kreativität innerhalb des Unternehmens
- Sie ist für jede Unternehmensgröße anpassbar und international verbreitet und bewährt
- Sie ist sehr einfach in der Anwendung und bedarf eines geringen Vorbereitungsaufwands

Was brauchen Sie, um das Tool zu nutzen?

- Ein Team mit Kenntnis über das Geschäftsmodell
- Vorbereitete Informationen z. B. von Marketing-ExpertInnen über Kundensegmente mit deren Bedürfnissen und Problemen
- Eine vorgezeichnete, leere Canvas-Abbildung, Post-its, Stifte

Das Tool angewendet in fünf Schritten

1. **Mobilisieren**
   - Bestimmen Sie ein Projektteam
   - Definieren Sie das Projektziel, z. B. die Erstellung eines neuen Geschäftsmodells oder die Weiterentwicklung hin zu einem nachhaltigen Geschäftsmodell
   - Schaffen Sie ein Bewusstsein für die Notwendigkeit eines veränderten Geschäftsmodells

Ökosystem-Dienstleistung:	Schlüsselpartner:	Schlüssel-Aktivitäten:	Werteangebot:	Kundenbeziehung:	Kundensegmente:
Beschreibt die durch das Unternehmen in Anspruch genommen oder erbrachten natürlichen Kapazitäten. Ein Beispiel ist die Aufnahme von Schadstoffen durch ein Ökosystem, die bei der Produktion eines Gutes entstehen.	Schlüsselpartner sind Partner innerhalb des Wertschöpfungsprozesses, welche an diesem maßgeblich beteiligt sind, und somit für den Erfolg des Unternehmens von hoher Bedeutung.	Schlüssel-Aktivitäten sind Handlungen, auf die ein Unternehmen angewiesen ist, um erfolgreich zu agieren.	Das Wertangebot stellt ein entscheidendes Argument für Kunden im Bezug auf den Kauf eines Produktes oder einer Dienstleistung dar. Jedoch stellt das Wertangebot kein einzelnes Produkt/Dienstleistung dar, vielmehr ist es als Bündel von Produkten und/oder Dienstleistungen anzusehen, das die Bedürfnisse eines bestimmten Kundensegments abdeckt. Dabei steht der Nutzen des Kunden im Vordergrund.	Ein Unternehmen kann eher eine persönliche oder automatisierte Beziehung zum Kunden eingehen. Dabei hat die Entscheidung für eine Art der Beziehung Auswirkungen auf Kundenakquise, Kundenpflege, Verkaufssteigerung sowie die gesamte Kundenerfahrung.	Ein Geschäftsmodell kann ein einziges oder mehrere Kundensegmente ansprechen. Je mehr nach verschiedenen Merkmalen ausdifferenzierte Segmente angesprochen werden, desto stärker ist das Unternehmen auf den Massenmarkt fokussiert.
Natürliches Kapital:	**Governance:**	**Schlüssel-Ressourcen:**		**Vertriebskanäle:**	**Stakeholder:**
Kann unterschieden werden in den Gebrauch erneuerbarer und nicht-erneuerbarer Ressourcen.	Beschreibt die Art der Unternehmensführung zur Steuerung oder Regelung eines Unternehmens.	Beschreibt die nötigen Ressourcen um das Werteangebot des Unternehmens zu erstellen. Solche Ressourcen können physischer, finanzieller, geistiger oder menschlicher Natur sein.		Kommunikations-, Distributions- und Verkaufskanälen kommt eine Schnittstellen-Funktion zu, denn diese verbinden das Unternehmen mit seinen Kunden.	Wichtig ist zu ermitteln wie stark das Interesse von nicht in den Wertschöpfungsprozess eingebundenen Gruppen an den Unternehmenstätigkeiten sowie deren potentieller Einfluss ist.

Kostenstruktur:
Die Schaffung von Werten ist mit Kosten verbunden. Der Baustein Kostenstruktur zeigt die wichtigsten Kosten, die bei der Arbeit mit einem bestimmten Business Model entstehen, auf.

Einnahmequellen:
Die Einnahmequellen zeigen, wodurch Umsätze erlangt werden. Zum einen können durch Transaktionseinnahmen einmalige Kundenzahlungen generiert werden und zum anderen ist die Möglichkeit wiederkehrender Einnahmen, nämlich fortlaufender Zahlungen durch Kunden, gegeben.

Das Sustainable Business Model Canvas. (Quelle: Eigene Darstellung in Anlehnung an Flourishing Business Canvas http://www.flourishingbusiness.org)

2. **Verstehen**
   - Tragen Sie die Inhalte für eine erfolgreiche Geschäftsmodell-gestaltung zusammen und vervollständigen Sie mit dem Projektteam erste Felder des Business Canvas
   - Recherchieren und analysieren Sie erforderliche Inhalte für eine erfolgreiche Gestaltung des Business Canvas
   - Vertiefen Sie relevante Wissensbereiche mit Expertenwissen aus den jeweiligen Abteilungen (i. d. R. als Teilnehmende)
   - Holen Sie, wo notwendig, zusätzliche Informationen zu Technologie, Umfeld, KundInnen sowie deren Bedürfnissen und Problemen über Literatur oder Gespräche ein

3. **Gestalten**
   - Generieren und testen Sie eine nachhaltigere Geschäftsmodell-erweiterung mithilfe der im Vorhinein eingeholten Informationen (z. B. Pilotierung eines zusätzlichen, nachhaltigeren Lieferservices mit einem ausgewählten KundInnen)
   - Testen Sie die Vorschläge anhand eines Geschäftsmodellprototyps (zu finden beispielsweise bei Bocken et al. 2014)

4. **Implementieren**
   - Implementieren Sie den zuvor getesteten Prototyp einer nach-haltigeren Geschäftsmodellerweiterung in der Praxis

5. **Durchführen**
   - Passen Sie das nachhaltige Geschäftsmodells an Marktentwicklungen an
   - Schaffen Sie Managementstrukturen, welche die fortwährende Weiterentwicklung des Geschäftsmodells durch Überwachung und Bewertung sicherstellen (weiterführende Informationen dazu finden Sie bei Lüdecke-Freund et al. 2016; Osterwalder und Pigneur 2011; Schaltegger et al. 2015)

Das Tool in der praktischen Anwendung

Lokaso ist ein Start-up, welches für den lokalen Einzelhandel in Siegen eine Online-Vertriebsplattform geschaffen hat. Das innovative Geschäftsmodell von Lokaso wird besonders deutlich durch die Verwendung des Sustainable Business Canvas Ansatzes (siehe Abb. 3.3). Das Ziel von Lokaso ist es, den regionalen

Ökosystem-Dienstleistung:	Schlüssel-partner:	Schlüssel-Aktivitäten:	Werte-angebot:	Kunden-beziehung:	Kunden-segmente:
Reduzierung von CO_2-Emissionen	Betreiber-firma Einzel-händler	Bereit-stellung der IT-Infra-struktur Marketing Kundenbe-treuung	Regionales Einkaufen mit wenig Mehrauf-wand Zustellung an die Haustür am gleichen Tag Möglichkeit des „kom-binierten" Einkaufens: Im Geschäft sowie Online	Persönliche Beziehung durch die „gute Fee", besondere Aufmerk-samkeit in Form individueller Beratung	Endkonsu-menten mit einge-schränktem Zeitbud-get zum Shoppen und hohen Ansprüchen an eine schnelle und regionale Lieferung
Natürliches Kapital: Nutzung fossiler Brennstoffe	**Governance:** Vertragliche Einbindung der Einzel-händler Transparenz	**Schlüssel-Ressourcen:** Software IT-Infra-struktur Marketing Know-How		**Vertriebs-kanäle:** Hybrider Kanal aus stationärem Handel und Online-Versand Same-Delivery-Day	**Stakeholder:** Gemeinden Wirtschafts-förderung

Kostenstruktur:		**Einnahmequellen:**	
IT-Infrastruktur	Marketing	Monatliche Grundgebühr	
Logistikdienstleistung	Kundenberatung	Umsatzbeteiligung	

Abb. 3.3 Sustainable Business Model Canvas von Lokaso. (Quelle: Eigene Darstellung)

Einzelhandel zu stärken, um so das Aussterben der Innenstädte zu verhindern und hieraus einen sozialen Nutzen zu stiften. KonsumentInnen können entsprechend auf der Internet-Plattform mittels Filterfunktion und Detailansichten Produkte von verschieden lokalen Anbietern kaufen. Auch eine Ansicht der einzelnen

Shops ist möglich. Die gekauften Waren werden noch am selben Tag innerhalb zweier Auslieferungsfenster versandkostenfrei geliefert. Die Lieferung wird hierbei bewusst kostenlos angeboten. Somit kann die Einstiegsschwelle gering gehalten und ein strategischer Nachteil gegenüber etablierten Größen im Online-Handel vermieden werden.

Sobald die Bestellung eingegangen ist, werden von den Händlern die Waren bereitgestellt und vom Auslieferungsfahrzeug in definierten Zeitfenstern abgeholt. Aufgrund des bisher noch geringen Bestellvolumens kann die Kommissionierung dezentral im Fahrzeug erfolgen. Wichtiger Bestandteil des Geschäftsmodells ist die „gute Fee", welche als Kundenservice eine direkte Kontaktmöglichkeit bietet. Diese Möglichkeit leistet individuelle Beratung, nimmt weitere Produktwünsche auf und bietet einen Einkaufzettel-Service. **Einnahmen** erzielt Lokaso über die Einzelhändler in Siegen: diese bezahlen eine Grundgebühr, die die Kosten für die technische Infrastruktur und für das Marketing beinhaltet. Hinzu kommt eine Umsatzbeteiligung als Logistik-Vergütung an den regionalen Betreiber. Die Lokaso GmbH fungiert als Konzept- und Technologieanbieter, während die Betreiberfirma billiton internet services GmbH der direkte Ansprechpartner in der Region ist. Dabei übernimmt die Betreiberfirma die Akquise der Einzelhändler, den Kundenservice, die Logistik und das Management der Marketingmaßnahmen. Das **Wertangebot** von Lokaso gegenüber dem EndkonsumentInnen konstituiert sich vor allem durch Regionalität bzw. regionales Einkaufen mit wenig Aufwand. Hieran schließt sich als Mehrwert die kostenlose „Same-Day-Delivery" in zwei Zeitfenstern pro Tag an. Im Zusammenhang mit der Auslieferung wird ein besonderer Fokus auf die **Kundenbeziehungen** gelegt. Lokaso stellt die **Schlüsselressourcen** Software und IT-Infrastruktur mit Schnittstellen zu den Warensystemen der regionalen Händler zur Verfügung. **Schlüsselpartner** sind die Betreiber und Einzelhändler innerhalb der einzelnen Regionen. Wichtig bei der Auswahl der Partner sind Kenntnisse der lokalen Strukturen und Gegebenheiten, beiderseitiges Interesse an der Zusammenarbeit sowie Expertise zu Marketing bzw. Logistik. Letztere liegen in der Hand des lokalen Betreibers. Damit besteht die Möglichkeit sich an lokale Gegebenheiten anzupassen, so wird etwa geplant in Berlin für Auslieferung Elektro(lasten)fahrräder zu nutzen. Weitere, wichtige lokale **Stakeholder** sind Gemeinden und die jeweiligen Wirtschaftsförderer, welche innerhalb von Kooperationen eine große Rolle spielen können.

3.4 Participatory System Mapping

Wobei kann mir das Tool helfen?
Participatory System Mapping kann dazu beitragen, die folgenden Unternehmensziele zu erreichen:

- Komplexe Fragestellungen, die sich in der Entwicklung neuer Produkte oder Dienstleistungen sowie in der Veränderung von Geschäftsmodellen stellen, zu strukturieren und ihre Bewertung zu erleichtern
- Ursachen und Effekte von Problemen strukturiert darzustellen
- Kausale Beziehungen und Rückkopplungsschleifen zu visualisieren *(Causal Maps)*
- Auf der Basis der Darstellungen Entscheidungen zu komplexen Fragestellungen treffen zu können

Das Tool in aller Kürze
Das Participatory System Mapping (PSM) ist eine neue, partizipative Methode der Gruppenarbeit, wobei – als Übersicht zahlreicher Aspekte – Mind-Maps und – zur Darstellung von Kausalzusammenhängen – Causal-Maps für ein konkretes Problem konzipiert werden. Diese helfen dabei Lösungen, Strategien und Empfehlungen zu entwickeln.

Das Tool findet seine Anwendung bei Problemen mit hoher Unsicherheit und Komplexität, z. B. bei einer Investition in eine nachhaltigere Verkehrsinfrastruktur, welche kaum mit konventionellen Werkzeugen analysiert werden kann. Causal-Maps können Ideen, Zusammenhänge und Auswirkungen verschiedener Systemelemente veranschaulichen und den Entscheidungsprozess ermöglichen.

Das Participatory System Mapping bringt die folgenden Vorzüge mit sich
- Der „strukturierte Denkstil" kann leicht erworben und erlernt werden
- Es ist ein Werkzeug, das die Integration einer großen Zahl von Aspekten ermöglicht und einen strukturierten Lösungsprozess unterstützt
- Eine breite Beteiligung der Öffentlichkeit ist möglich
- Es ist unabhängig von Branche, Unternehmen oder Produkt anwendbar

Was brauchen Sie, um das Tool zu nutzen?
- Die aktive Beteiligung aller wichtigen Stakeholder (z. B. Entwickler von innerstädtischen Logistikimmobilien, Logistikdienstleister, Produzenten, Zulieferer, Verlader, Händler, EndverbraucherInnen, Gesetzgeber etc.)
- Eine multi-disziplinäre Gruppe von unternehmensinternen und externen TeilnehmerInnen: Diese Vielfalt sorgt für vielfältige Perspektiven und einen größeren Ideenraum

- Grundkenntnisse in der Analyse und Strukturierung von Prozessen zur Ermittlung von Problemursachen und -auswirkungen
- Eine/n ModeratorIn, der/die über grundlegende Kenntnisse im Participatory System Mapping verfügt

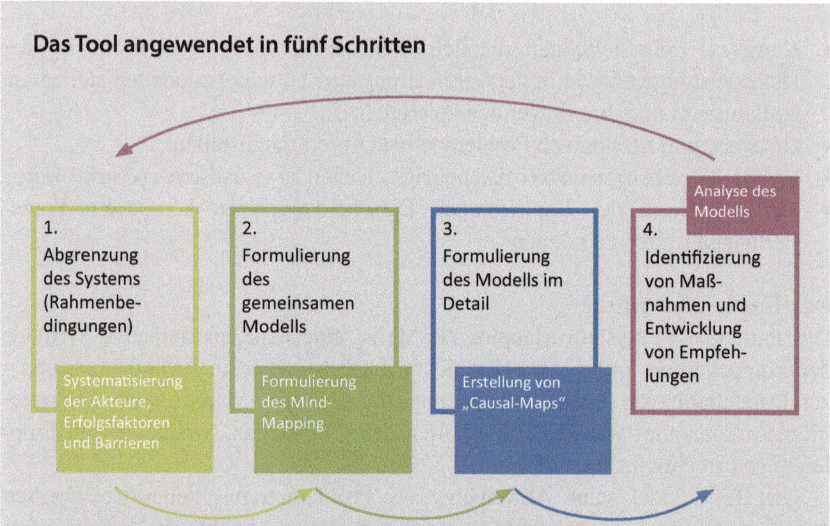

Formulierung des Mind-Mappings, Erstellung von Causal-Maps. (Quelle: Eigene Darstellung in Anlehnung an Király 2016, S. 505)

1. **Abgrenzung des Systems/Rahmenbedingungen**
   - Definieren Sie Ihre komplexe Fragestellung, die Sie mit dem Tool bearbeiten möchten (z. B. der/die nachhaltige Kunde/Kundin als Motiv für die Weiterentwicklung des Geschäftsmodells)
2. **Formulierung des gemeinsamen Modells**
   - **Das zentrale Thema aufschreiben:** Sie beginnen eine Mind-Map immer, indem Sie ein zentrales Thema in die Mitte schreiben, z. B. nachhaltige/r Kunde/Kundin. Zeichnen Sie Linien – die sogenannten Hauptäste – an das Thema in der Mitte und ordnen Sie diesen die Hauptkategorien Akteure, Erfolgsfaktoren, Barrieren und Kommunikationsmaßnahmen zu.

- **Schlüsselwörter sammeln:** Dann sammeln Sie so viele Wörter, wie Ihnen zu dem Thema einfallen und konstruieren damit Ihre erste Mind-Map. Um Ordnung in Ihre Gedanken zu bringen, sortieren Sie Ihre Schlüsselwörter den Kategorien zu.
- **Mind-Maps optimieren:** Zum Schluss überarbeiten Sie Ihre Mind-Map, damit Sie sie auch nach einiger Zeit noch verstehen können

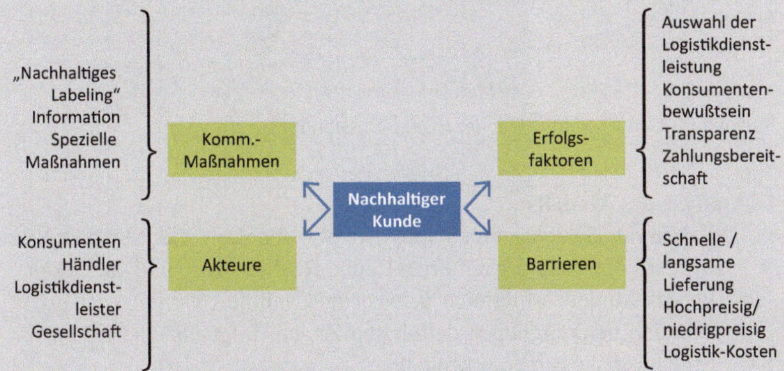

Mind-Map. (Quelle: Eigene Darstellung)

3. **Erstellung von *Causal-Maps***
- Identifizieren Sie die relevantesten Variablen aus den Inhalten der Mind-Map im gemeinsamen Gespräch
- Ermitteln Sie positive (+) oder negative (−) Wirkungen sowie kausale Verläufe und Rückkopplungsschleifen zwischen diesen Variablen
- Übersetzen Sie die Mind-Map in eine Causal-Map, in der kausale Verläufe und Rückkopplungsschleifen als positive und negative Wirkungen dargestellt sind

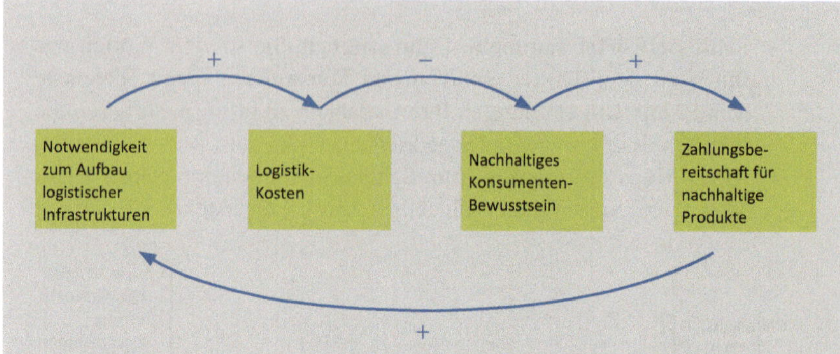

Beispiel für Causal-Maps. (Quelle: Eigene Darstellung)

4. **Analyse des Modells**
   - Validieren Sie zusammen mit den Stakeholdern das Modell unter Berücksichtigung der Kriterien Logik, Realitätstreue und Gültigkeit.
   - Ist das Modell erfolgreich getestet und validiert worden, entspricht also den ursprünglichen definierten Zielen, folgt mit Phase fünf die Ergebnisdiskussion des Modells
5. **Diskussion und Rückmeldungen**
   - Diskutieren Sie die Ergebnisse und ziehen Sie ein Fazit für die gesamte Analyse
   - Dabei identifizieren Sie neue praxisrelevante Erkenntnisse, aber auch eventuell noch nicht vollständig beantwortete Fragen.
   - Parallel erfassen Sie Faktoren, die für die Implementierung von Relevanz sind.

Das Tool in der praktischen Anwendung

Dieses Praxisbeispiel betrachtet die geplante Zusammenarbeit zwischen dem Verein NETs.werk und Schachinger Logistik. NETs.werk ist ein Verein zur Förderung eines nachhaltigen Konsums und Lebensstils und stellt eine Plattform für regional erzeugte, biologische Lebensmittel sowie weitere nachhaltige Konsumgüter zur Abholung bei mehreren regionalen Zweigstellen zur Verfügung. KundInnen können ihre Bestellung online aufgeben und diese dann abholen. Aktuell wird eine Zustellung nur begrenzt für größere Bestellungen angeboten. Mit der Kooperation von Schachinger Logistik und NETs.werk könnte die Abwicklung der letzten Meile durch Schachinger übernommen werden. Hierdurch können Neukunden akquiriert, die Servicequalität gesteigert und die CO_2-Bilanz minimiert werden. Die Kommissionierung wird weiterhin bei NETs.werk erfolgen, um dann nach Möglichkeit die Bestellungen mit einem E-Van auszuliefern.

In diesem Zusammenhang wurde die PSM–Methodik angewandt: Im Rahmen eines Workshops wurden die TeilnehmerInnen von einem Moderator mit den Konzepten von Mind-Maps und Causal-Maps vertraut gemacht. Die TeilnehmerInnen definierten dann gemeinsam kausale Zusammenhänge für Ursache-Wirkungs-Effekte (Erstellung von Feedback-Loops). Die Abb. 3.4 zeigt dies an einem Beispiel: Je höher die Kaufbereitschaft für nachhaltige Produkte desto höher die Nachfrage. Je höher die Nachfrage durch bestehende Kunden desto mehr lokale Produzenten werden benötigt, wodurch sich in der Summe die Distanzen für die Beschaffung und somit die Logistikkosten erhöhen. Höhere Kosten wirken sich wiederum negativ auf die Kaufbereitschaft aus.

Durch die Einbeziehung von externen, neutralen Personen in die Workshops bestand in den Arbeitsgruppen die Möglichkeit, neue Ideen und Feedbacks zu entwickeln und schließlich geeignete "policies" und notwendige Strukturveränderungen zu identifizieren. Das Hinzufügen zusätzlicher Variablen in die Causal-Maps während des *Mappings* beruhte auf Vorschlägen der TeilnehmerInnen.

Abb. 3.5 zeigt die Ergebnisse des Workshops: Durch ein nachhaltiges Kundenverhalten erhöht sich die Kaufbereitschaft für nachhaltige Produkte und dadurch die Nachfrage nach solchen Produkten. Für Produzenten und Händler bedeutet dies, dass sie eine Erweiterung der Sortimentsgröße in Betracht ziehen sollten, was Konsequenzen hat: Auf der einen Seite der Ausbau des Lieferanten-Netzwerks und folglich mit der Ausweitung des Gebietes eine zwangsläufige Steigerung der

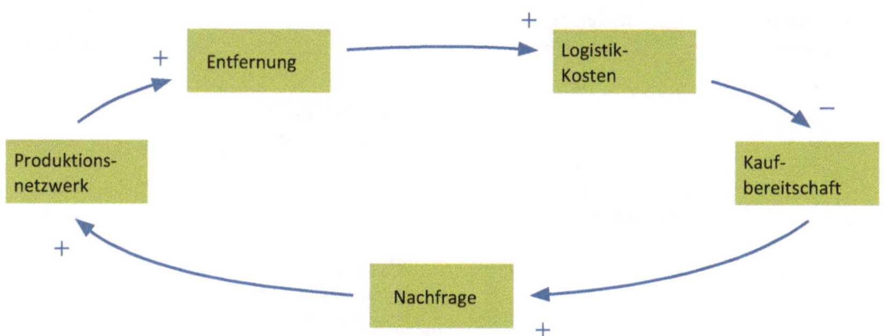

Abb. 3.4 Causal-Map. (Quelle: Eigene Darstellung)

Distanzen zu den Lieferanten und KundInnen vom zentralen Lager und auf der anderen Seite die Vergrößerung des bei Netzwerk gekauften Warenkorbes bei einigen Kunden. Sowohl die höhere Distanz als auch der größere Warenkorb haben einen aus Nachhaltigkeitssicht negativen Einfluss auf das Mobilitätsverhalten (es werden eher Autos genutzt als zu Fuß oder mit dem Rad die Einkäufe abzuholen). Die Erhöhung der Distanzen löst, gegebenenfalls, die Notwendigkeit zum Ausbau logistischer Infrastrukturen und daher eine unvermeidliche Erhöhung der Logistikkosten aus. Dies erhöht möglicherweise die Endpreise von Produkten, was wiederum unmittelbar die Kaufbereitschaft von KundInnen beeinflusst.

Aus der Erkenntnis der Dynamik des Modells ergibt sich eine neue kritische Frage: Wie können wir nachhaltige Geschäftsmodelle attraktiver machen, damit sich KundInnen bewusst für solche Alternativen entscheiden?

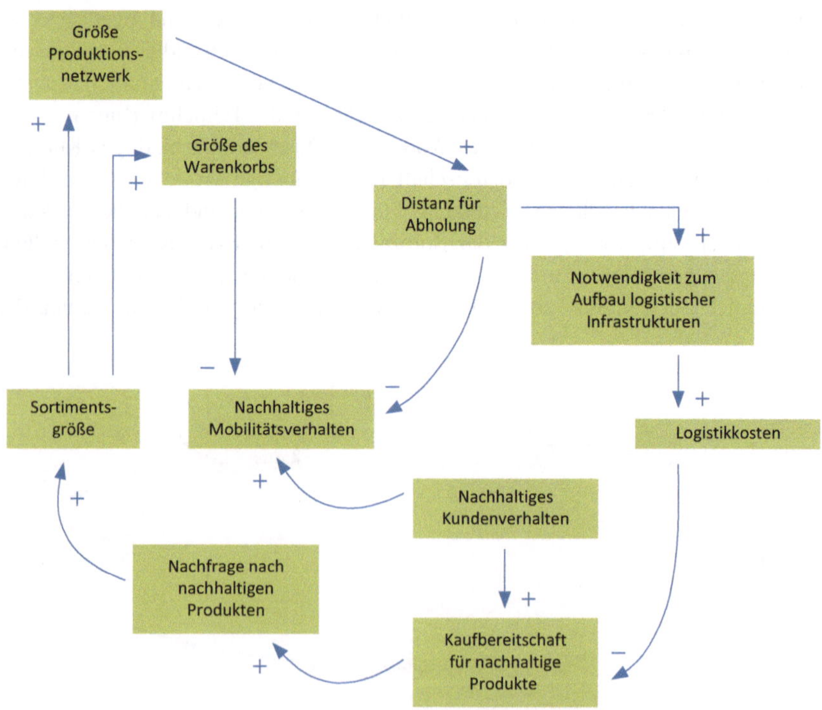

Abb. 3.5 Causal-Map für den Case NETs.werk. (Quelle: Eigene Darstellung)

3.5   Szenarien- und Strategieentwicklung

Wobei kann mir das Tool helfen?

Szenarien- und Strategieentwicklung kann dazu beitragen, die folgenden Unternehmensziele zu erreichen:

- Szenarienentwicklung hilft, mögliche Zukunftsbilder zu beschreiben
- Sie unterstützt die Sensibilisierung von EntscheidungsträgerInnen für die möglichen Konsequenzen ihres Handelns oder Nichthandelns
- Sie ermöglicht die Ableitung konkreter Maßnahmen, um negativen Szenarien entgegenzuwirken oder um das Zustandekommen positiver Szenarien zu fördern
- Strategieentwicklung trägt dazu bei, eine gemeinsame Vision für die Zukunft des Unternehmens zu entwickeln
- Sie ermöglicht die Identifizierung der Felder, in denen ein Unternehmen sich von seinen Wettbewerbern absetzen kann
- Darüber hinaus hilft sie bei der Entwicklung eines Implementierungsplans mit allen relevanten Stellschrauben zur Strategieumsetzung

Das Tool in aller Kürze

Szenarien helfen die Zukunft besser zu verstehen und zu gestalten. Sie ermöglichen Unternehmen darüber hinaus Strategien effizient an die Realität anzupassen. Szenarien können Trends und Entwicklungen auf verschiedenen Ebenen (beispielsweise in der Logistikbranche und im Konsum) miteinander verknüpfen und dadurch Transformationspotenziale aufzeigen. Dies ist relevant, da durch sich verändernde gesetzliche Regularien, Preissysteme, Nachfragen, Marktverschiebungen etc. die Potenziale angedachter Innovationen schwanken. Aktuell noch mit vergleichsweise hohem unternehmerischem Risiko behaftete Innovationsstrategien können in Zukunft betriebswirtschaftlich profitabel sein.

Will ein Logistikunternehmen neue Märkte erschließen oder neue KundInnen erreichen, ist die Szenarien- und Strategieentwicklung hilfreich. Sie liefert wichtige Informationen darüber, womit ein Unternehmen beispielsweise im Falle einer Expansion rechnen muss, sodass Chancen und Risiken abgewägt werden können. Für eine solche Analyse müssten aber zunächst alle relevanten Faktoren identifiziert und in die Zukunft projiziert werden.

Die Szenarien- und Strategieentwicklung bringt die folgenden Vorzüge mit sich

- Sie ist anwendbar auf Branchen, Unternehmen und Produktkategorien
- Sie schafft Glaubwürdigkeit durch Involvierung von externen Stakeholdern

- Sie hilft bei der Evaluation von Innovationen
- Sie hilft bei der Identifizierung von Potenzialen zur Geschäftsmodellinnovation
- Sie hilft bei der strategischen Unternehmensentwicklung sowie im Change Management

Was brauchen Sie, um das Tool zu nutzen?

- Zugang zu Publikationen oder Datenbanken, die Informationen über die Zukunftstrends in der Logistikbranche, im Konsum und/oder in anderen relevanten Bereichen enthalten
- Eine Analyse der vorläufigen Trends und deren Einfluss auf das operationelle Geschäft
- Ein klar definiertes Strategieziel
- Einschätzungen der eigenen Strategieentwicklungsmöglichkeiten
- Jeweils einen eintägigen Workshop für Szenarien- und Strategieentwicklung mit relevanten Stakeholdern des Unternehmens

Das Tool angewendet in fünf Schritten

1. **Aktuelle Einschätzung von Trends und Marktentwicklungen**
   - Führen Sie eine Literaturanalyse oder einen Expertenworkshop durch, um die relevanten Trends für Ihr Unternehmen zu identifizieren
   - Ordnen Sie Trends, die die Logistikbranche beeinflussen, den Oberthemen Gesellschaft, Technologie, Wirtschaft, Umwelt und Politik zu
   - Stellen Sie heraus, welche dieser Trends besonders Ihr Geschäft beeinflussen

2. **Erstellung von zwei bis fünf verschiedenen Szenarien**
   - Definieren Sie die 2–3 relevantesten Trends, die einen hohen Einfluss auf die Zukunft ihrer Unternehmensaktivität haben könnten (bspw. politische Rahmenbedingungen, Kundenwünsche, Automatisierung…)
   - Erstellen Sie aus diesen Trends Achsen mit den jeweiligen extremen Ausprägungen (starke politische Regulierungen vs. schwache politische Regulierungen)
   - Beschreiben Sie Grundideen von Szenarien zwischen den definierten Achsen

3. **Ausgestaltung der Szenarien gemeinsam mit den unternehmerischen Anwendern**
   - Diskutieren Sie einzelne Einflussfaktoren und Trends mit den Projekt-StakeholderInnen während eines Workshops
   - Bewerten Sie die Einflussfaktoren nach der Wahrscheinlichkeit ihres Eintretens
   - Gestalten Sie die Szenarien mit den Trends und Einflussfaktoren aus
4. **Identifikation der Handlungsoptionen bei den Unternehmen zur besten Reaktion auf die Szenarien**
   - Identifizieren Sie Handlungsfelder (u. a. Investitionen in grüne Technologien, neue Verpackungsmöglichkeiten etc.)
   - Besprechen Sie die Auswahlmöglichkeiten in jedem Handlungsfeld (bei der Investitionen in grüne Technologien kann man z. B. entweder in ein Zero-Emission-Lagerhaus oder in einen Elektro-LKW investieren)
   - Aus der Kombination der Auswahlmöglichkeiten in jedem Handlungsfeld resultierten dann die Strategien
5. **Erstellung einer strategischen Roadmap für mögliche Zukunftsszenarien und den dazu passenden Strategien**
   - Bewerten Sie die verschiedenen Strategien für alle möglichen Szenarien in einem Workshop nach ausgewählten Kriterien (u. a. Preis, Emissionen)
   - Wählen Sie die Strategien, die für alle möglichen Szenarien am besten abschneiden, aus

Das Tool in der praktischen Anwendung

Im Rahmen des ILoNa Projektes wurde eine Trendanalyse zu Logistik und Konsum durchgeführt, die für den ersten der oben genannten Schritte zur Entwicklung der Szenarien und Strategie genutzt wurde. Die folgenden **Trends** dienten als Grundlage für die Szenarienentwicklung: Globalisierung, Digitalisierung, Klimaschutzpolitik, Ressourcenknappheit, Urbanisierung und Umweltbewusstsein der KundInnen. Vor dem Hintergrund der Fokusthemen des Projektes wurden die Kernachsen „Innovationsgrad in der Logistik", „Umweltbewusstsein der KundInnen" und „politische Entscheidungen bezogen auf Klimaschutzpolitik"

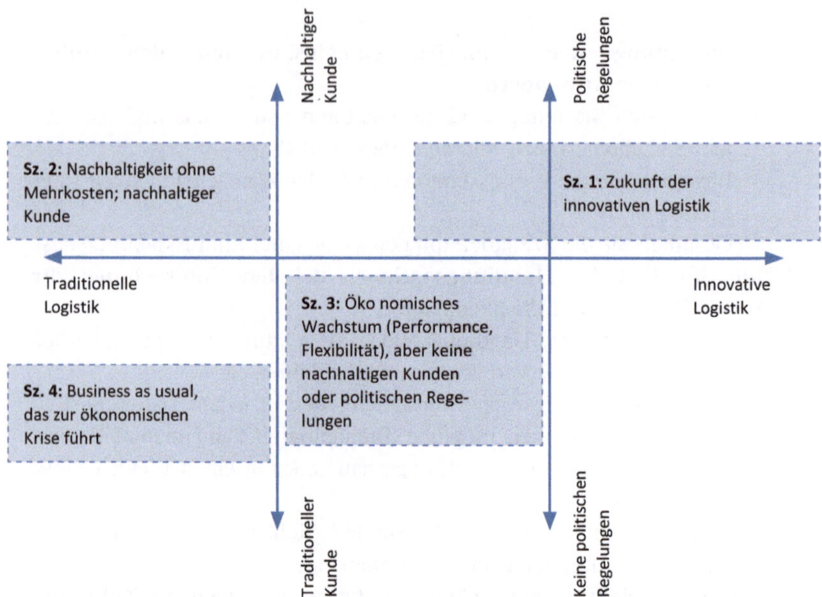

Abb. 3.6 Mapping der Zukunftsszenarien entlang der Kernattribute Innovationsgrad in der Logistik, Nachhaltigkeitsbewusstsein der Kunden und politische Entscheidungen bezogen auf Klimaschutzpolitik. (Quelle: Eigene Darstellung)

definiert (vgl. Abb. 3.6). Nachdem die Trends entlang dieser Achsen eingeteilt wurden, ergaben sich vier **Zukunftsszenarien (Schritt 2).** Szenario 1 „Zukunft der Innovativen Logistik" beschreibt ein Szenario, in dem die Politik strengere Maßnahmen in Bezug auf Umweltpolitik und Investitionen in die Logistikinfrastrukturen fordert. Im Szenario 2 „Nachhaltigkeit ohne Mehrkosten" wären die KundInnen umweltbewusster, aber die Politik würde keine strenge Umweltpolitik verfolgen. Szenario 3 „Ökonomisches Wachstum" ergibt sich aus deregulierten Märkten ohne Umweltpolitik und KundInnen mit geringem Umweltbewusstsein. Szenario 4 „Business as usual" beschreibt den Ist-Zustand.

Im Rahmen eines Workshops mit Logistikunternehmen wurden gemeinsam die **Faktoren** identifiziert, die für das operationelle Geschäft wichtig sind und die im Rahmen der jeweiligen Szenarien eine erhöhte Relevanz hätten. Die möglichen Auswirkungen der vier Szenarien auf diese Faktoren wurden diskutiert und projiziert, wie in **Schritt 3** beschrieben (eine Kurzfassung findet sich in Abb. 3.7).

Szenarien / Faktoren	Zukunft der innovativen Logistik	Nachhaltig-keit ohne Mehrkosten	Ökonomisches Wachstum ohne nachhaltigen Kunden und Politik	Business as usual
CO$_2$-Begrenzung	↗	→	↘	↘
Logistik-kosten	↘	→	↘	↗
Umwelt-bewusstsein der Kunden	↗	↗	↘	↘

Legende: ↗ steigend   ↘ sinkend   → gleichbleibend

Abb. 3.7 Einfluss der Szenarien auf Faktoren, die relevant für die operative Logistik sind. (Quelle: Eigene Darstellung)

Strategien / Handlungs-felder	Shared/ Partizipative Logistik	Effiziente Logistik	Business as usual
Design der letzten Meile/ Infrastruktur	Crowd-Logistik (Shared Logistik Infrastrukturen)	Multi-Channel Konzepte	Belieferung nach Hause
Transportplanung	Peer to Peer Belieferung	Bündelung; Intermodalität	Bündelung
Standortplanung	City Hubs; Mikro Depots; On-Demand	Zentrallager	Zentrallager
Transport/ Technologie	Elektro- und autonome Fahrzeuge; Fahrrad	Elektro-Fahrzeuge; Fahrrad	Konventionelle LKWs

Abb. 3.8 Handlungsoptionen zusammengefasst in drei Strategien. (Quelle: Eigene Darstellung)

In einem weiteren Schritt wurden die **Handlungsoptionen für Logistikunternehmen** vor dem Hintergrund der Zukunftsszenarien diskutiert (**Schritt 4**). Aus der Kombination der Auswahlmöglichkeiten in jedem Handlungsfeld resultierten dann die Strategien. Dementsprechend sind in diesem Beispiel drei Strategien entwickelt worden (eine Kurzfassung findet sich in Abb. 3.8).

3.6   Zielgruppen-Analyse und Kommunikationsstrategien

Wobei kann mir das Tool helfen?
Insgesamt können die Zielgruppen-Analyse und Kommunikationsstrategien dazu beitragen, die folgenden Unternehmensziele zu erreichen:

- Bewusstwerden: Wer ist die Zielgruppe für meine nachhaltige Logistikinnovation?
- Zielgruppe verorten: Welche Bedürfnisse, Wünsche und Besonderheiten hat meine Zielgruppe?
- Elemente der nachhaltigen Logistikinnovation nachjustieren: Wie muss, basierend auf meiner Zielgruppe und deren Präferenzen, die nachhaltige Logistikinnovation im Detail ausgestaltet werden?
- Zielgruppe ansprechen: Mit welchen Maßnahmen ist meine Zielgruppe effektiv anzusprechen?

Das Tool in aller Kürze
„Der Köder muss dem Fisch schmecken und nicht dem Angler" besagt eine Marketingweisheit. Die Methode der Zielgruppenanalyse unterstützt Sie dabei eine (von Ihnen geplante) nachhaltige Logistikinnovation bei ihrer Zielgruppe effektiver anschließen zu lassen. Sie ermöglicht die Identifizierung ihrer Zielgruppe(n) und zeigt auf wie Ihre Zielgruppe(n) noch gezielter erreicht werden kann (können), indem Elemente Ihrer nachhaltigen Logistikinnovation noch weiter auf diese zugeschnitten werden.

Für das Beispiel der Logistikinnovation „nachhaltiger Logistikbestellbutton im Online-Shop" mit dem Ziel die Logistikketten in sozialer, ökologischer und ökonomischer Hinsicht zu optimieren, würde sich eine auf unterschiedliche Zielgruppen angepasste Ansprache beispielsweise in der Häufigkeit und Art der Hinweise zu diesem Button unterscheiden.

Die Zielgruppen-Analyse bringt die folgenden Vorzüge mit sich
- Die von Ihnen geplante Logistikinnovation kann gezielt auf Ihre Kunden(segmente) abgestimmt werden.
- Sie werden sich bewusst darüber, welche Kunden(segmente) welche Ausgestaltungselemente der nachhaltigen Logistikinnovation bevorzugen.
- Durch die detaillierte Auseinandersetzung mit Ihren Kunden(segmenten) besteht die Möglichkeit zur Optimierung Ihrer Kundenansprache über den Bereich nachhaltige Logistik hinaus.

Was brauchen Sie, um das Tool zu nutzen?

- Wenn möglich, Zugang zu Publikationen über Zielgruppenkommunikation und -analyse für Unternehmen, beispielsweise wissenschaftliche Literatur im Bereich (Social) Marketing und Communication for Social Change
- Zugang zu Kundendaten, Kundenprofilen und -präferenzen. Wenn diese nicht vorhanden sind, die Möglichkeit eine Befragung durchzuführen und die Daten zu analysieren
- KollegInnen und/oder ExpertInnen, die eine Einschätzung zu der Zielgruppenanalyse geben.

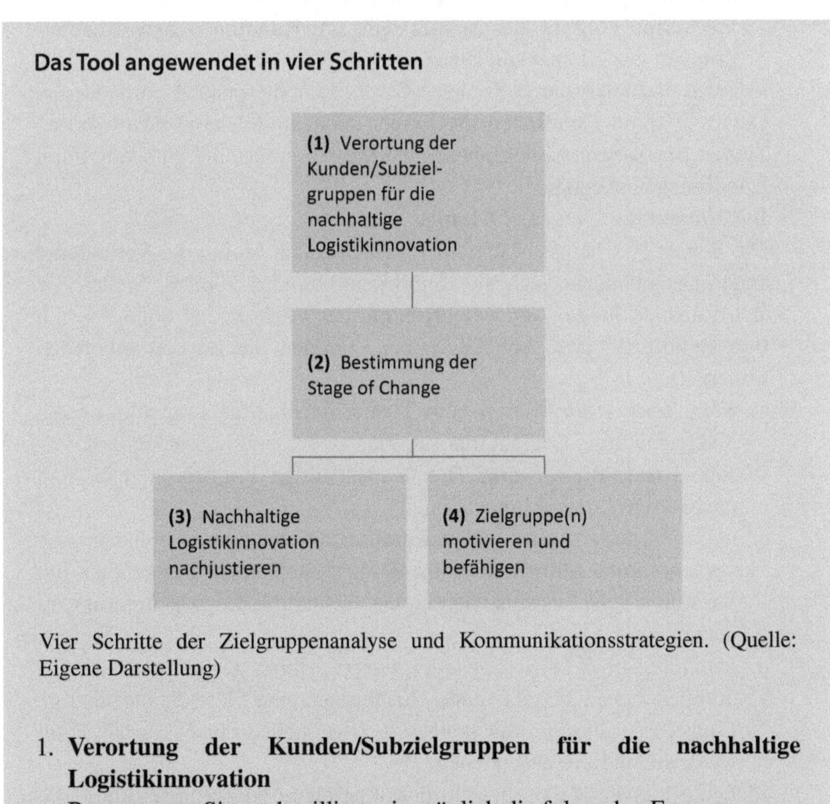

Vier Schritte der Zielgruppenanalyse und Kommunikationsstrategien. (Quelle: Eigene Darstellung)

1. **Verortung der Kunden/Subzielgruppen für die nachhaltige Logistikinnovation**
   Beantworten Sie so detailliert wie möglich die folgenden Fragen:
   - Wie lassen sich Ihre KundInnen sozio-demografisch verorten? Was sind Lebensstil- und Medienpräferenzen Ihrer KundInnen?

– Welche Subzielgruppen (Untergruppen, die in einer Zielgruppe gebildet werden können) gibt es unter Ihren KundInnen und was sind jeweilige Charakteristiken?
– Was genau denken Ihre KundInnen über Ihre nachhaltige Logistikinnovation, zu der die Kommunikation geplant wird?
– Wird sie von ihnen befürwortet und wenn ja unter welchen Bedingungen? Wenn sie eher auf Ablehnung stößt, warum ist dies der Fall?
– Wie müssten gewisse Elemente Ihrer nachhaltigen Logistikinnovation konkret ausgestaltet sein, um KundInnen bzw. Subzielgruppen gezielt anzusprechen?

Erheben und analysieren Sie neue Daten, falls die bislang vorhandenen Daten zu Ihren KundInnen die Fragen nicht hinreichend beantworten. Ziehen Sie zudem KollegInnen/ExpertInnen zurate, die sich mit Ihren KundInnen auskennen.

2. **Bestimmen der Stages of Change**

   Die Stages of Change beschreiben verschiedene Stufen der Verhaltensänderung, auf denen sich die KundInnen befinden können. Stellen Sie sich folgende Frage: Auf welcher Stufe der Veränderung befinden sich Ihre KundInnen bzw. Subzielgruppen? Ordnen Sie sie den folgenden Stufen zu:

   a. *Kein Bewusstsein/Wissen* zum Thema nachhaltige Logistikprozesse und nachhaltige Logistikinnovationen
   b. *Bewusstsein/Wissen* zum Thema nachhaltige Logistikprozesse und nachhaltige Logistikinnovationen
   c. *Intention zur Handlung:* Ihre KundInnen/Subzielgruppen haben sich vorgenommen zeitnah etwas im Bereich nachhaltige Logistik zu tun. Sie wären beispielsweise bereit eine nachhaltige Logistiklieferung zu nutzen.
   d. *Handlungsbeibehaltung/-wiederholung:* Ihre KundInnen/Subzielgruppen haben bereits (erste) Erfahrungen im Bereich nachhaltige Logistik gesammelt und können sich vorstellen dieses Verhalten zu wiederholen bzw. auszubauen.

   Ziehen Sie auch in diesem Schritt KollegInnen/ExpertInnen zurate, die sich mit Ihren KundInnen auskennen.

3. **Nachhaltige Logistikinnovation nachjustieren**

– Fragen Sie sich auf der Basis der Kundeninformationen aus Schritt 1 und 2, wie gewisse Elemente der nachhaltigen Logistikinnovation nachjustiert werden können, um anschlussfähig und relevant für Ihre Subzielgruppe(n) zu sein.

4. **Zielgruppe(n) motivieren und befähigen**

– Stellen Sie, basierend auf den Ergebnissen aus Schritt 1 und 2 heraus, wie Ihre Subzielgruppe(n) effektiv angesprochen werden können, um sie zu motivieren und zu befähigen die nachhaltige Logistikinnovationen zu nutzen.

– Nutzen Sie Ihr Wissen zu den Lebensstil- und Medienpräferenzen der Zielgruppenmitglieder, um die nachhaltige Logistikinnovation effektiv zu kommunizieren.

Das Tool in der praktischen Anwendung

Im Rahmen des ILoNa-Projekts wurde ein Nachhaltiger Logistikbestellknopf für Online-Kleidungsshops als eine nachhaltige Logistikinnovation identifiziert. Folglich wurden auf der Grundlage einer qualitativen und quantitativen Analyse **Subzielgruppen** ermittelt, die mit dem Nachhaltigen Logistikbestellknopf angesprochen werden können (Schritt 1). Dieses Praxisbeispiel beschreibt die Zielgruppenanalyse für den Nachhaltigen Logistikbestellknopf für KundInnen im Alter von 20–40 Jahren.[1]

Die Ergebnisse zeigen auf, dass es Subzielgruppen gibt, die besonders gut mit einem Nachhaltigen Logistikbestellknopf angesprochen werden können. Eine Subzielgruppe davon, die hier beispielhaft beschrieben wird, sind Frauen mit einem Real- oder Hauptschulabschluss. Bei dieser Gruppe handelt es sich vor allem um Frauen, die in einem Umfeld leben, welches tendenziell weniger Geld zur Verfügung hat.

Im Anschluss an die Verortung der Subzielgruppe wurden die **Stages of Change** bestimmt (Schritt 2). Die oben beschriebene Frauengruppe befindet sich auf der Stufe „(Kein) Wissen/Bewusstsein (Level a-b)". Sie besitzt keine bzw.

---

[1]Bitte beachten Sie: Dies ist eine Kurzzusammenfassung der Zielgruppenanalyse. Die Ergebnisse basieren auf einer wissenschaftlichen Analyse von Zielgruppendaten (Lubjuhn S. und Bouman, M. 2017).

eine geringe Bereitschaft Kosten für eine nachhaltige Lieferung zu tragen oder eine nachhaltige Lieferung zeitverzögert zu erhalten.

Im nächsten Schritt (Schritt 3) ging es darum die **Ausgestaltung des Nachhaltigen Logistikbestellknopfs nachzujustieren** und ihn so anschlussfähiger für die Frauen zu gestalten.

Für diesen Schritt ergaben die Ergebnisse der Zielgruppenanalyse, dass es im Rahmen des Bestellprozesses von Online-Kleidung für diese Frauen wichtig ist: 1) den Nachhaltigen Logistikknopf dort anzubringen, wo man die Angaben kontrolliert und die Bestellung absendet; 2) bei Interesse an einem Kleidungsstück die nachhaltige Bestellvariante bereits zu erwähnen; 3) im Verlauf des Bestellprozesses an mehreren Stellen an den alternativen Bestellknopf zu erinnern.

Hintergrundinformationen zum nachhaltigen Logistikbestellknopf sollten für diese Gruppe kurz und knapp sein und auf der gleichen Webseite angebracht werden, wo man den nachhaltigen Logistikknopf im Shop anklicken kann.

Im Anschluss wurde untersucht, wie die Frauen der Zielgruppe im Rahmen eines Online-Kleidungsshops sowie allgemein durch eine gezielte kommunikative Ansprache **motiviert und befähigt** werden können den Nachhaltigen Logistikbestellknopf zu nutzen (Schritt 4).

Als Ergebnis kann festgehalten werden, dass eine Ansprache im Online-Shop durch eine Informationsbox in Checklistenform besonders vielversprechend ist, in der kurz und knapp Informationen zu dem Nachhaltigen Bestellknopf zusammengefasst sind. Zudem sprechen diese Gruppe insbesondere Storytelling-Elemente an, die das Thema nachhaltige Logistik näherbringen. Bei der Anwendung von Storytelling-Elementen wäre es beispielsweise sinnvoll die Arbeitsbedingungen der Lieferanten zu thematisieren, da dieses Thema von der Gruppe gut in ihre Alltagswelt übertragen werden kann. So wäre z. B. die Entwicklung eines kurzen Clips denkbar, in dem der Alltag eines Lieferanten aufzeigt wird, und was sich für ihn ändert, wenn vom Kunden die nachhaltige Liefervariante angeklickt wird.

Ein zentrales Ergebnis zur allgemeinen Ansprache und Medienpräferenzen der Zielgruppe ist, dass diese Gruppe gerne Fernsehen schaut und zwar vor allem private Sender. Besonders gut sind sie via Unterhaltungsmedien zu erreichen (beispielsweise Soaps oder Telenovelas). Zudem liest eine Vielzahl von ihnen TV-Programmzeitschriften (offline oder online) und nutzt vermehrt *Facebook, Facebook Messenger* sowie *WhatsApp*. Auch schauen sich diese Frauen vermehrt Frauenzeitschriften und Illustrierte an (online sowie offline) und wären folglich auch auf diesem Weg effektiv anzusprechen.

Zusammenfassung 4

Logistik ist nicht nur das Rückgrat von globalen Wortschöpfungsketten, sondern formt auch die Lebensstile von Konsumenten – etwa durch die Distribution und Lieferung von Produkten, neue Angebote wie den Onlinehandel usw. Wir haben Ihnen vor diesem Hintergrund in diesem *essential* sechs unterschiedliche Tools vorgestellt, die Ihnen bei der Entwicklung einer vorausschauenden Nachhaltigkeitsstrategie helfen sollen und ein besonderes Augenmerk auf die Integration der Konsumentenperspektive legen.

Die Tools sind als Bausteine hin zu einem innovativen Geschäftsmodell zu verstehen, das sich über die Zeit weiterentwickelt. Aus diesem Grund ist es sinnvoll, die Anwendung der Tools regelmäßig zu wiederholen: So können Sie mit Ihrem Unternehmen flexibel auf neue Herausforderungen reagieren und zukünftige Entwicklungen proaktiv mitgestalten. Entsprechend flexibel ist auch die Nutzung der unterschiedlichen Tools angedacht.

© Springer Fachmedien Wiesbaden GmbH, ein Teil von Springer Nature 2018   39
Arbeitskreis Innovative Logistik für Nachhaltige Lebensstile (ILoNa),
Praxisleitfaden Logistik für Nachhaltige Lebensstile, essentials,
https://doi.org/10.1007/978-3-658-22771-5_4

Was Sie aus diesem *essential* mitnehmen können

- Sie können alle vorgestellten Instrumente entweder in einem kleinen Team, in einem exemplarischen Geschäftsbereich oder auch im ganzen Unternehmen ausprobieren und umsetzen.
- Die Tools ergänzen sich jeweils und ermöglichen es unterschiedliche Aufgaben einer konsumentenorientierten Nachhaltigkeitsstrategie gleichzeitig anzugehen.
- Sie können sich jedoch auch einzelne Tools herausgreifen und in Ihre bereits bestehende Nachhaltigkeitsstrategie integrieren, da die Tools auch einzeln funktionieren.

© Springer Fachmedien Wiesbaden GmbH, ein Teil von Springer Nature 2018   41
Arbeitskreis Innovative Logistik für Nachhaltige Lebensstile (ILoNa),
Praxisleitfaden Logistik für Nachhaltige Lebensstile, essentials,
https://doi.org/10.1007/978-3-658-22771-5

Literatur

Beckmann, J., Eberle, U., Eisenhauer, P., Hahn, R., Hermann, C., Kühnen, M., Schaltegger, S., Schmid, M., & Silva, S. L. (2017). Der Handabdruck: Ein Ansatz zur Messung positiver Nachhaltigkeitswirkungen von Produkten. Stand und Ausblick – Arbeitspapier Nr. 2 im Rahmen des Projekts „Der Handabdruck: Ein komplementäres Maß positiver Nachhaltigkeitswirkung von Produkten". Lüneburg: Verein CSM e. V. http://handabdruck.org/downloads/Handabdruck_AP2.pdf. Zugegriffen: 10. Apr. 2018.

Bienge, K., Von Geibler, J., Lettenmeier, M., Biermann, B., Adria, O., & Kuhndt, M. (2010). *Sustainability Hot Spot Analysis: A streamlined life cycle assessment towards sustainable food chains*. In Conference proceedings of the 9th European International Farming System Association Symposium (S. 4–7).

Bocken, N., Short, S., Rana, P., & Evans, S. (2014). A literature and practice review to develop sustainable business model archetypes. *Journal of Cleaner Production, 65,* 42–56.

Bosona, T. G., & Gebresenbet, G. (2011). Cluster building and logistics network integration of local food supply chain. *Biosystems Engineering, 108,* 293–302.

Botsman, R., & Rogers, R. (2011). *What's mine is yours – How collaborative consumption is changing the way we live*. London: Harper Collins.

Crook, R. (2015). Wege zu einem robusteren globalen Handelsumfeld. In Deutsche Post AG (Hrsg.), *Delivering Tomorrow – Logistik 20150, eine Szenariostudie* (S. 160–165). Bonn: Deutsche Post AG.

DHL. (2010). *Delivering Tomorrow – Zukunftstrend Nachhaltige Logistik.* Bonn: Deutsche Post AG.

DHL. (2015). *Delivering Tomorrow – Logistik 2050, eine Szenariostudie.* Bonn: Deutsche Post AG.

Ecola L., Zmud J., Gu K., Phleps P. & Feige, I. (2015). *The future of mobility scenarios for China in 2030.* Santa Monica: RAND Corporation.

Flämig, H. (2015). Logistik und Nachhaltigkeit. In L. Heidbrink, N. Meyer, J. Reidel, & I. Schmidt (Hrsg.), *Corporate Social Responsibility in der Logistik. Anforderungen an eine nachhaltige Unternehmensführung* (S. 25–44). Berlin: Schmidt.

Gießmann, M. (2010). *Komplexitätsmanagement in der Logistik: Kausalanalytische Untersuchung zum Einfluss der Beschaffungskomplexität auf den Logistikerfolg* (1. Aufl.). Lohmar: Eul.

© Springer Fachmedien Wiesbaden GmbH, ein Teil von Springer Nature 2018   43
Arbeitskreis Innovative Logistik für Nachhaltige Lebensstile (ILoNa),
Praxisleitfaden Logistik für Nachhaltige Lebensstile, essentials,
https://doi.org/10.1007/978-3-658-22771-5

Király, G., Köves, A., Pataki, G., & Kiss, G. (2016). Assessing the participatory potential ofSystem Mapping. *Systems Research and Behavioral Science, 33*(4), 496–514.

Köylüoglu, G., & Krumme, K. (2015). Kriterienfindung für nachhaltige Geschäftsprozesse in der Logistik. Eine Aufarbeitung bestehender Probleme und möglicher Chancen. In L. Heidbrink, N. Meyer, J. Reidel, & I. Schmidt (Hrsg.), *Corporate Social Responsibility in der Logistik. Anforderungen an eine nachhaltige Unternehmensführung* (S. 63–90). Berlin: Schmidt.

Liedtka, J., & Ogilvie, T. (2011). *Designing for growth: A design thinking tool kit for managers.* New York: Columbia Business School Publishing.

Liedtke, C., Baedeker, C., Kolberg, S., & Lettenmeier, M. (2010). Resource intensity in global food chains: The hot spot analysis. *British Food Journal, 112*(10), 1138–1159. https://epub.wupperinst.org/frontdoor/deliver/index/docId/3565/file/3565_liedtke.pdf. Zugegriffen: 10. Apr. 2018.

Lorenz, U., & Veenhoff, S. (2013). Integrated scenarios of sustainable food production and consumption in Germany. *Sustainability: Science, Practice, & Policy, 9*(2), 92–104.

Lubjuhn, S., & Bouman, M. (2017). *Resultate Kommunikationsszenarien zur Förderung nachhaltiger Logistikprozesse bei der ILoNa (Innovative Logistik für Nachhaltige Lebenstile)-Zielgruppe, Ergebnisse.* In Arbeitspaket 3.2: Zielgruppenspezifische Kommunikationsstrategien ILoNa für Behavioural Change, Report. Center for Media & Health.

Lüdecke-Freund, F., Gold, S., & Bocken, N. (2016). Sustainable business model and supply chain conceptions: Towards an integrated Perspective. In L. Bals & W. L. Tate (Hrsg.), *Implementing triple bottom line sustainability into global supply chains* (S. 337–363). Oxford: Greenleaf Publishing Limited.

McKinnon, A. (2015). Ansätze für eine ‚Dekarbonisierung' der Logistik". In Deutsche Post AG (Hrsg.), *Delivering Tomorrow – Logistik 20150, eine Szenariostudie* (S. 154–159). Bonn: Deutsche Post AG.

Meinert, T. (2014). *Leitfaden Szenarienentwicklung.*

Nelke, A. (2017). Interne und externe Unternehmenskommunikation für nachhaltige Innovation und gesellschaftliche Verantwortung von Unternehmen am Beispiel des Employer Brandings. In G. Gordon & A. Nelke (Hrsg.), *CSR und Nachhaltige Innovation. Management-Reihe Corporate Social Responsibility.* Berlin: Springer Gabler.

Osterwalder, A., & Pigneur, Y. (2011). *Business Model Generation: Ein Handbuch für Visionäre, Spielveränderer und Herausforderer* (1. Aufl.). Frankfurt a. M.: Campus.

Piecyk, M., & McKinnon, A. (2009). Measurement of CO_2 emissions from road freight transport: A review of UK experience. *Energy Policy, 37*(10), 3733–3742.

Prochaska, J. O., Redding, C. A., & Evers, K. (2002). The transtheoretical model and stages of change. In K. Glanz, B. K. Rimer, & F. M. Lewis (Hrsg.), *Health behavior and health education: Theory, research, and practice* (3. Aufl.). San Francisco: Jossey-Bass Inc.

Razzouk, R., & Shute, V. (2012). What is design thinking and why is it important? *Review of Educational Research, 82*(3), 330–348.

Schumacher, T. (2017). *Scenarios to strategy method.* Unveröffentlicht.

Schaltegger, S., Hansen, E. G., & Lüdeke-Freund, F. (2015). Business models for sustainability. *Organization & Environment, 29*(1), 3–10.

Sedlacko, M., Martinuzzi, A., Røpke, I., Videira, N., & Antunes, P. (2014). Participatory systems mapping for sustainable consumption: Discussion of a method promoting systemic insights. *Ecological Economics, 106,* 33–43.

Siegers, R. (2015). Die Kundenbedürfnisse der Zukunft erkennen. In Deutsche Post AG (Hrsg.), *Delivering Tomorrow – Logistik 20150, eine Szenariostudie* (S. 166–171). Bonn: Deutsche Post AG.

Sterman, J. D. (2010). *Business dynamics – Systems thinking and modeling for a complex world.* New Delhi: Tata McGraw-Hill.

Website des Hasso-Plattner Instituts. (2018). https://hpi-academy.de/design-thinking/was-ist-design-thinking.html. Zugegriffen: 1. März 2018.